학 탐정스 2:
스 파크에 가다！

科學小偵探

2 勇闖科學樂園

作者／趙仁河 조인하
企劃／金秀朱 김수주 翻譯／林盈楹
繪圖／趙勝衍 조승연

作者的話

從「閱讀」激發科學的無限樂趣！

二〇一五年，以全世界四十九個國家，三十一萬名國小學童作爲「科學成就評比」的對象中，韓國學童們位居世界第二，可以說名列前茅。然而，這些學童對於科學學習的自信心以及興趣的排名卻很低。爲什麼會這樣呢？我認爲，這是因爲孩子們感受不到科學的樂趣，僅僅爲了考試而硬背知識所造成的結果。

那麼，該怎麼做才會讓孩子們覺得科學並不困難，並且快樂的學習呢？

研究科學的人們說，從小時候開始，試著在日常生活或是周遭的各種現象當中，找出科學原理的過程是很重要的，如此便能夠自然而然的理解，並從中學習。

難道不能一邊閱讀有趣好玩的書，同時還學習到科學概念嗎？本書便在這樣的

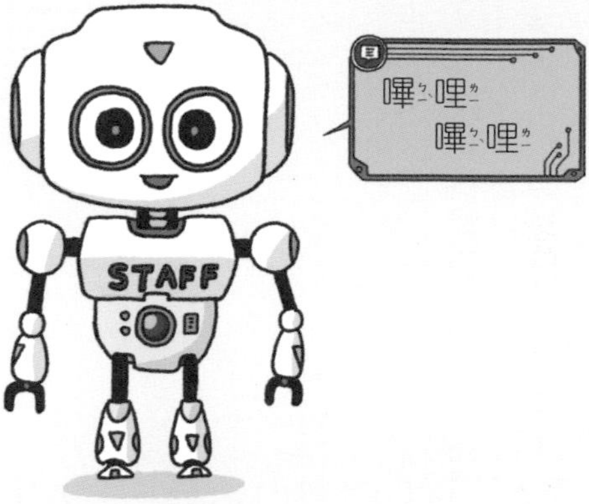

想法下誕生了。本書主角分別是喜歡說著諺語和金句，自認爲什麼都懂的「自以爲是大魔王」全智基，以及個子大、力氣也大的囉唆鬼「阿壯」姜月月，還有夢想成爲明星影片創作者的「話匣子」曹阿海。透過他們經歷的刺激冒險故事，和這些在驚險危機時刻機智解謎的主角們一起尋找答案，你將會感受到自己的科學實力不知不覺間，成長進步許多呢！

現在，讓我們與科學小偵探一起展開冒險吧！

準備好了嗎？出發！

趙仁河

目錄

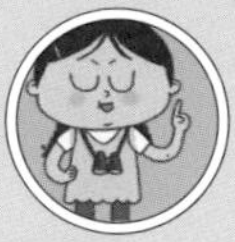

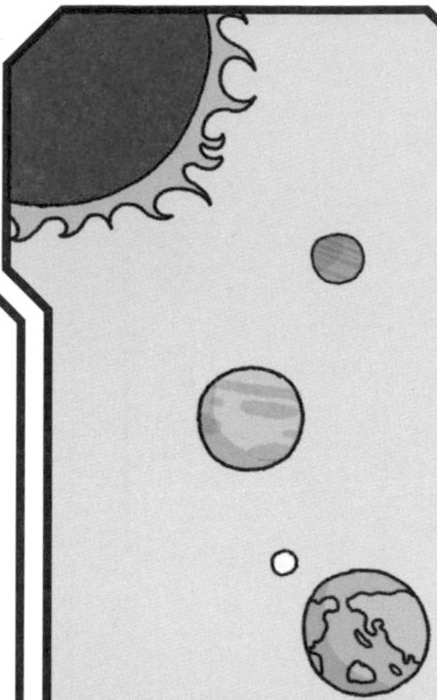

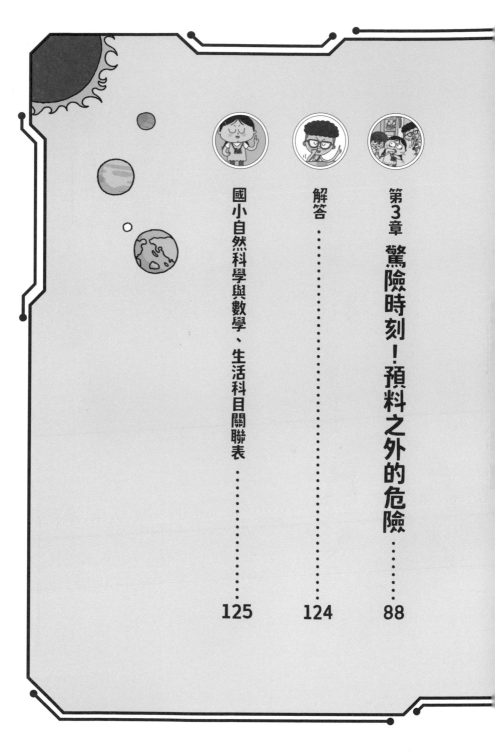

科學小偵探人物介紹

全智基

外型俊俏、頭腦聰明的男孩，是「物質」及「運動與能量」的高手。因為老是一邊說著諺語，一邊裝作一副什麼都懂的樣子，硬要說自己都是對的，所以綽號又叫做「自以為是大魔王」，思考時有咬指甲的習慣，手上一天到晚都拿著放大鏡。

姜月月

因為個子高、力氣大，所以綽號又叫做「阿壯」。好奇心強、愛管閒事，經常對別人嘮叨，還很愛跟老師告狀。在「生命」及「地球和宇宙」的領域中，知識相當豐富。脖子上總是掛著一副望遠鏡。

曹阿海

他是網路節目「話匣子TV」的影片創作者。因為本來話就很多，所以有「話匣子」的綽號。因為需要搜集節目裡的素材，所以無時無刻都拿著手機東拍西拍，他的推理能力和觀察力非常出色，而且他在推理的時候，會不自覺的一直挖鼻孔。

柯蘭

她是一位老師，也是卡通《名偵探柯南》的狂熱粉絲，她雖然無時無刻喊著柯南的臺詞「真相只有一個！」，但由於她的推理總是出差錯，經常會驚嚇到孩子們。因為她總是戴著和柯南相似的眼鏡，所以孩子們也會叫她「柯蘭老師」。

《《 第1章 》》

來自科學樂園的邀請函

FIRST

悠閒的星期五下午，全智基、姜月月和曹阿海三個人跟平常一樣聚在科學實驗室。他們各自讀著書、吃著零食、還邊打著哈欠消磨時間。

這個時候，姜月月一邊伸展筋骨，一邊自言自語了起來：

「真奇怪啊！」

「什麼東西奇怪？」曹阿海

伸了一個懶腰，邊打著哈欠發問。他才剛問完，全智基便把書啪的一聲闔上，說：「還能是什麼？當然是奇怪怎麼連一個像樣的委託都沒有啊！俗話說『沒有消息就是好消息。』沒有事情發生，不就代表世界很和平嗎？」

姜月月無精打采的點點頭，一邊回答：「是啊！話說得沒錯。但是我們都特地做了這麼帥氣的徽章，結果只有蒼蠅來做客，實在太令人傷心了……」

姜月月說完，全智基和曹阿海也跟著意志消沉了起來。去年夏天，他們偶然和柯蘭老師一起揭開了神祕島的謎團，一夕成名。後來，在身為《名偵探柯南》狂熱粉絲的柯蘭老師提議下，他們成立了「科學小偵探」團隊。

然而，找上科學小偵探的事件，大部分都是拜託他們幫忙尋找走失的小狗、遺失的手機、弄不見的鉛筆等等。除此之外，連一個像樣的案子也沒有。

姜月月吐露了心聲，全智基與曹阿海的心情也一樣失落。

「我連新衣服和最先進的放大鏡都買好了，難道都白買了嗎？根本沒有機會拿出來使用……」全智基說。

「唉！最近話匣子TV的訂閱追蹤人數越來越少了，應該要上傳我們解決事件的帥氣模樣才對，每次都只是上傳我們平淡的生活情況，也難怪大家不感興趣啊！」曹阿海說。

三個孩子陷入自己的內心世界，不自覺的同時嘆氣。

就在這個時候，科學實驗室的門「砰」一聲被打開，柯蘭老師走了進來。

「科學小偵探們怎麼都愁眉苦臉的啊？你們吵架了嗎？」

柯蘭老師半開玩笑的詢問，全智基聽了氣沖沖的回答：「我們沒事

科學樂園
？
什麼東西？
是案子嗎？

為什麼要吵架啊？」

「科學小偵探怎麼可能會吵架呢？的確讓人難以想像！」接著柯蘭老師掏出了一個信封。

「什麼東西？」

全智基接過了信封，他望著柯蘭老師並提問，柯蘭老師面帶微笑回答：「這是科學樂園的邀請函！我來這裡就是為了把它交給你們。」

「科學樂園邀請函？」三個孩子同時大喊！

科學樂園位於花牆小鎮附近，是國內最頂尖的科學館，據說樂園不只規模龐大，而且裡面都是有趣好玩的科學遊樂設施。

「這是我從科學樂園裡工作的朋友那裡收到的。你們都知道科學樂園再過不久就要開幕了吧？聽說他們要在開幕前招募體驗團，除了可以搶先體驗科學樂園，也要協助他們發現問題。不過，邀請日期被設計成了一個暗號。」

「是什麼樣的暗號啊？」

曹阿海努力克制因為激動而顫抖的手，他一邊拍著影片，一邊發問。

「你們自己看就知道了，還有還有！我會帶這張邀請函過來，是因為看你們最近好像很無聊，絕對不是因為我解不開暗號。」柯蘭老師說。

「噗哈哈！」全智基不小心笑了出來，柯蘭老師突然板起臉。

「全智基！你在嘲笑我嗎？我要把邀請函拿回來！」

科學小偵探們並沒有理會柯蘭老師說的話，他們已經迫不及待的打開邀請函並研究起來。

「邀請函的日期和時間出現了莫名其妙的英文字母……這個暗號的規則是什麼呢？」

請解開邀請函上的暗號，並找出受邀日期是幾月幾號？

邀請函

刺激你的好奇心！滿足你的求知精神！
最頂尖的綜合科學館「科學樂園」
終於要開幕了！在正式開幕之前，
我們要邀請機智又聰明的小朋友們
來體驗，度過愉快的時光。

- 日期與時間：**XRDRPQ** 月 **CFOPQ** 日　上午 10 點
- 地點：科學樂園大門

ABCDEFGHIJKLMNOPQRSTUVWXYZ
ABCDEFGHIJKLMNOPQRSTUVWXYZ

＊利用凱撒密碼！

圓盤上的
些字母應該和
撒密碼是有
關聯的吧？

沒錯，A和D，B和E……。你看這些字母都是根據某種規則配對在一起的。

全智基拿出最新型的放大鏡，仔細打量著邀請函，一邊說：「在我看來，邀請函最底下的圖片和最下面『利用凱撒密碼』這句話應該就是提示！」

一直在旁邊看著邀請函的姜月月，雙眼炯炯有神的散發著光芒。就在這個時候，一邊專注盯著邀請函，一邊不停挖鼻孔的曹阿海，咻一聲彈掉了手指上的鼻屎，接著笑呵呵的拿起手機，手忙腳亂的拍著邀請函跟兩個朋友的模樣，並說：「隔了這麼久的時間，總算有素材可以上傳到話匣子TV啦！」

姜月月受到他的影響，用手擋住了曹阿海的手機，高聲大喊：「有了！就是那個！」

如果是以前，曹阿海頂多不開心的嚷嚷幾句，然後就摸摸鼻子，默默的去旁邊架起自拍棒，但此刻的他充滿自信的對大家說：「我要來拍攝我解出暗號的帥氣模樣！」

「什麼？你說你要解出暗號？」柯蘭老師驚訝的睜大眼睛說。

「是的，所謂的『暗號』就是為了在傳達訊息時，不要暴露出訊息而設計的約定。在建立暗號的時候，最常使用的方法就是將文字根據一定的規則轉換成新的文字、記號，或是數字。像這樣的暗號，都是依照某種規則，將一個文字和另外一個不同的文字綁成一組的構造。我們

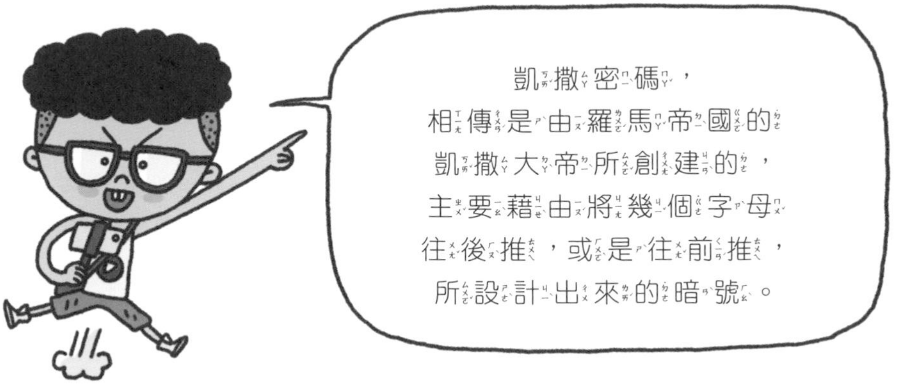
凱撒密碼，
相傳是由羅馬帝國的
凱撒大帝所創建的，
主要藉由將幾個字母
往後推，或是往前推，
所設計出來的暗號。

A	B	C	D	E	F	G	H	I	J	K	L	M	N	O	P	Q	R	S	T	U	V	W	X	Y	Z
D	E	F	G	H	I	J	K	L	M	N	O	P	Q	R	S	T	U	V	W	X	Y	Z	A	B	C

只要找出它們是依照什麼樣的規則綁成一組，就可以順利解出暗號了。」

「原來如此，那麼到底什麼是『凱撒密碼』呢？」姜月月打斷了曹阿海的話，曹阿海望著正在攝影中的手機，眨了眨一邊的眼睛，接著說：

「沒錯！依照凱撒密碼的規

則，藍底的字母和綠底的字母以一對一的形式配成了一對。所以，只要找到和藍底字母配為一組的綠底字母，就能解開暗號。」

看著曹阿海挖鼻孔的樣子，姜月月皺起了眉頭，說：

「髒死了！好了好了！我們都明白了。如果按照你說的方式來找出字母的話，藍底圓盤上的字母XRDRPQ，在綠底圓盤上就是AUGUST，然後CFOPQ是FIRST。所以說……」

「八月一日！」

姜月月話還沒有說完，全智基與曹阿海異口同聲喊了出來。

柯蘭老師露出燦爛笑容，讚嘆不已的說：「科學小偵探們果然名不

虛傳！不論是什麼時候，永遠都不會令我失望，呵呵！現在就準備出發去科學樂園盡情玩耍體驗吧！」

「沒錯。老師，真的非常感謝您。」

姜月月與曹阿海同時向柯蘭老師表達了感謝，並開心的相互擊掌，而一旁的全智基不知道什麼原因，總覺得心裡怪怪的。

終於到了八月一日這天，上午十點整，三個孩子們非常準時在科學樂園大門口集合。科學樂園的大門是一個宇宙飛船的樣子，相當雄偉壯觀。

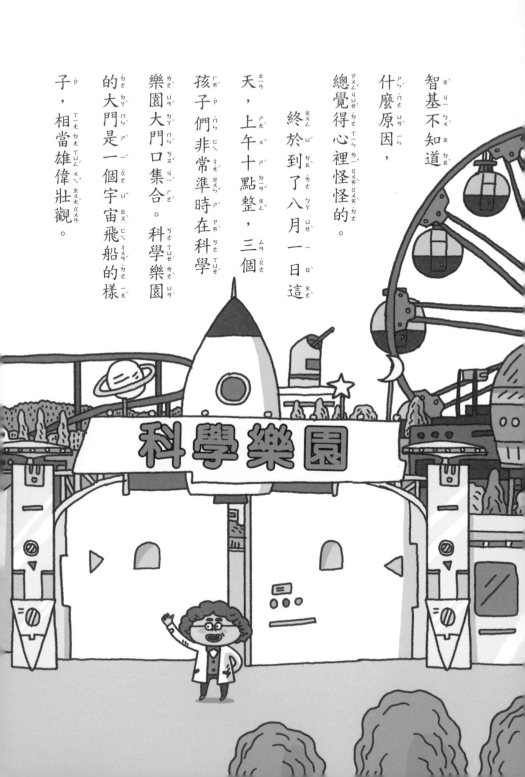

「哇！超帥的！從大門開始就散發著濃濃的科學氣息，可是怎麼都沒有其他人，就只有我們？遊樂園要多一點人才好玩啊！」

曹阿海東張西望，環顧四周，他一說完，全智基便瀟灑的將瀏海撥到後面，一邊回應：

「看樣子，應該只有我們解開了日期的暗號？」

「只有我們的話，玩遊樂設施的時候都不用排隊，太讚了！」就在姜月月說話的同時，科學樂園裡傳來了嘎——嘎——的腳步聲。緊接著，大門「砰」一聲被打開，一位戴著粗框眼鏡的叔叔走了出來，親切的向孩子們打招呼。

「你們好！我是在科學樂園裡工作的羅英才。本來很擔心萬一大家解不開暗號，沒人來這裡體驗的話該怎麼辦？看到你們真是太開心啦！很高興見到你們。」

「羅叔叔您好，麻煩您了。」

「是我要麻煩你們才對。今天你們要體驗的項目，就是『逃脫科學樂園』這個特別計劃，這可是我們一開幕就要亮相的祕密武器。」

「逃脫科學樂園？」姜月月歪了歪頭說。

羅英才叔叔用簡單易懂的方式解釋給孩子們聽：「你們應該都知道最近很流行密室逃脫遊戲吧？逃脫科學樂園跟它很類似。進到科學樂園裡面之後，會給你們幾個指定的任務，你們必須解開那些任務，才能從科學樂園裡逃出來。」

「哇！一定很好玩。我很擅長玩密室逃脫遊戲呢！我已經迫不及待想開始了呢！」興奮不已的曹阿海變得語無倫次。

羅英才叔叔笑了笑，並接著說：「那真是太好了！雖然逃出科學樂園也很重要，但我們很需要像你們這樣聰明的小朋友幫我們體驗，並發現問題，讓我們可以做出更酷、更厲害的科學樂園設施。你們可以幫忙嗎？」

「可以！」

科學小偵探們抱著一定要逃出科學樂園的決心，大聲應答。

「哈哈！那麼，現在我們就出發吧！」

科學小偵探們跟著羅英才叔叔進到了科學樂園。在大門的入口處，站著一個可愛的機器人。

「這是科學樂園的導覽機器人，它的名字叫做『薩伊洛』，它會協助你們今天的體驗。不過，薩伊洛只負責導覽，所有的問題都必須靠你們自己來解決。那麼，祝你們玩得愉快！」

羅英才叔叔眨了眨眼睛，便轉身往實驗中心的方向離開。

科學小偵探們正式向薩伊洛打了招呼。

「你好啊！薩伊洛。我是姜月月，很高興認識你。」

「我叫做曹阿海，他是全智基，接下來就麻煩你了！」

「你們好，我叫薩伊洛，首先第一個任務是撥打解開的電話號碼。」

「它要我們打電話到哪裡？」姜月月歪了歪頭，全智基接著說：

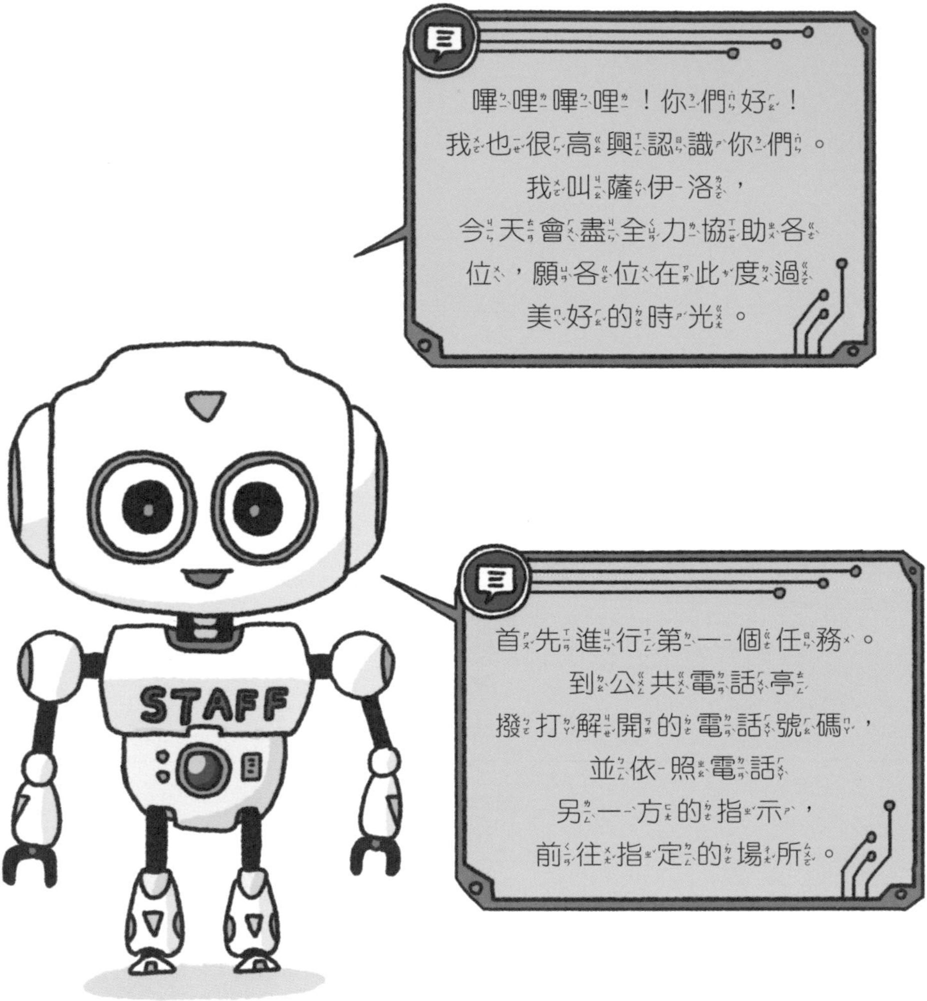
嗶哩嗶哩！你們好！我也很高興認識你們。我叫薩伊洛，今天會盡全力協助各位，願各位在此度過美好的時光。
STAFF
首先進行第一個任務。到公共電話亭撥打解開的電話號碼，並依照電話另一方的指示，前往指定的場所。

「先到公共電話亭去看看就會知道了！」

科學小偵探們趕緊衝向公共電話亭，電話亭裡面有一臺看起來像是電腦螢幕的電話機。

最先到達的曹阿海一邊研究著螢幕畫面，一邊說：「這裡的電話畫面上雖然有電話號碼，但是有三個地方，A、B、C是空著的。」

曹阿海指著螢幕畫面，上面顯示九張圖片，以及一組缺了三個數字的電話號碼。

「只要找出A、B、C空格裡的數字，應該就可以得出完整的電話號碼吧？下面說A是固體的數量，B是液體的數量，C是氣體的數

請從以下圖片，
找出A、B、C空格中
應填入的數字，
並求出完整的電話號碼。
背包
水
色鉛筆
空氣
剪刀
牛奶
橡皮擦
衣服
果汁
1 2 3
4 5 6
7 8 9
✻ 0 #
38-6 A -74-1 B C
A：固體的數量 B：液體的數量 C：氣體的數量
有的東西
如果放進碗
裡，形狀和體
積就會跟著
改變？
真的呢！
STAFF

解答在124頁！

量。」姜月月說完，全智基與曹阿海便陷入了思考。

過沒多久，原本咬著指甲的全智基突然彈起手指，自信滿滿的拿起了電話筒。

「這根本太簡單了！只要理解物質的狀態，就可以馬上解開。」全智基拿著電話筒，開始說明起來。

「固體，是一種具有一定形狀和體積的物體；液體，是一種有一定體積，無一定形狀，而能流動的物體；氣體，則沒有固定的形狀和體積。」

全智基的說明結束，姜月月就閃爍著雙眼說：「啊哈！原來如此。那麼，這些圖片裡面的固體有背包、色鉛筆、剪刀、橡皮擦、衣服，固體，是一種具有一定形狀和體積的物體。分子間的內聚力強，即使受壓力，形狀和體積都不易改變。

液體，是一種放入不同的容器中，雖然它的形狀會隨之改變，然而體積卻不會改變的物質狀態。

氣體，是一種會隨著放進的容器而改變形狀和體積，而且無時無刻都充滿整個容器的物質狀態。

液體則有水、牛奶、果汁，而氣體就只有氣球裡的空氣。所以固體是5個，液體是3個，氣體是1個，也就是說A是5，B是3，C是1，所以我們現在要撥打的電話號碼就是38657413 1。全智基，你蠻有一套的！」

曹阿海看見全智基那高傲的樣子，不甘示弱的說：「自以為是大魔王！不過就解決了一個問題，你也太臭屁了，你該不會這麼快就忘記是我解開暗號，大家才會來到這裡的吧？」

全智基瞪著曹阿海，氣氛忽然變得不太對勁，姜月月見狀，趕緊擠進兩個人的中間，一邊大聲的說：「好了好了！話匣子，你怎麼那麼幼稚啊？全智基，你快點打電話吧！」

曹阿海抓了抓頭，被姜月月這麼一說，他有點難為情，不知道該如何是好？

全智基轉過頭，嘴巴一邊唸唸有詞，一邊拿起電話筒開始撥號。

「明明自己也很臭屁，

還說別人……」

過了一下，科學小偵探們聽見電話撥通的聲音，接著電話筒裡傳出了粗重的機器聲。

「動物園，請前往動物園。」

「什麼？叫我們去動物園？動物園在哪裡啊？」

科學小偵探們東張西望的開始尋找動物園。這個時候，曹阿海指向一個地方。

「在那裡！動物園的入口就在那裡！」

《《 第2章 》》

突破重重難關，找到出口！

STAFF

科學
動物園
樂園

曹阿海往動物園入口跑去，不過，他意識到此時的氣氛因為他而變得不太對勁，於是他放慢腳步，然後沒頭沒腦的丟出了一個小謎題想緩和一下氣氛：「你們知道猴子最怕什麼嗎？」

「最怕獅子？」姜月月思考了一下，不確定的回答。

曹阿海聽了姜月月的答案，嘻皮笑臉的回應：

「錯！阿壯，妳也太正經了吧！答案是『平行線』。因為平行線沒有相交（香蕉），哈哈！很爆笑吧？」

本來還在賭氣的全智基也因為這個冷笑話而噗哧笑了出來。

曹阿海又接著出題：「酷酷哥、酷帥哥、帥酷哥這三個人當中，誰的老婆身體最虛弱？」

這次換全智基回答：「帥酷哥？」

「錯！答案是『酷酷哥』。因為他的老婆叫『酷酷嫂』。呵呵！是不是很有趣？」

科學小偵探們一路上邊嘻笑邊玩鬧，不知不覺就來到了動物園入口，入口處有一個動物園的地圖。

科學小偵探們看了看地圖，互相爭吵著要去看自己喜歡的動物。這時在一旁觀看他們的薩伊洛，忽然走近孩子們，並開口說：

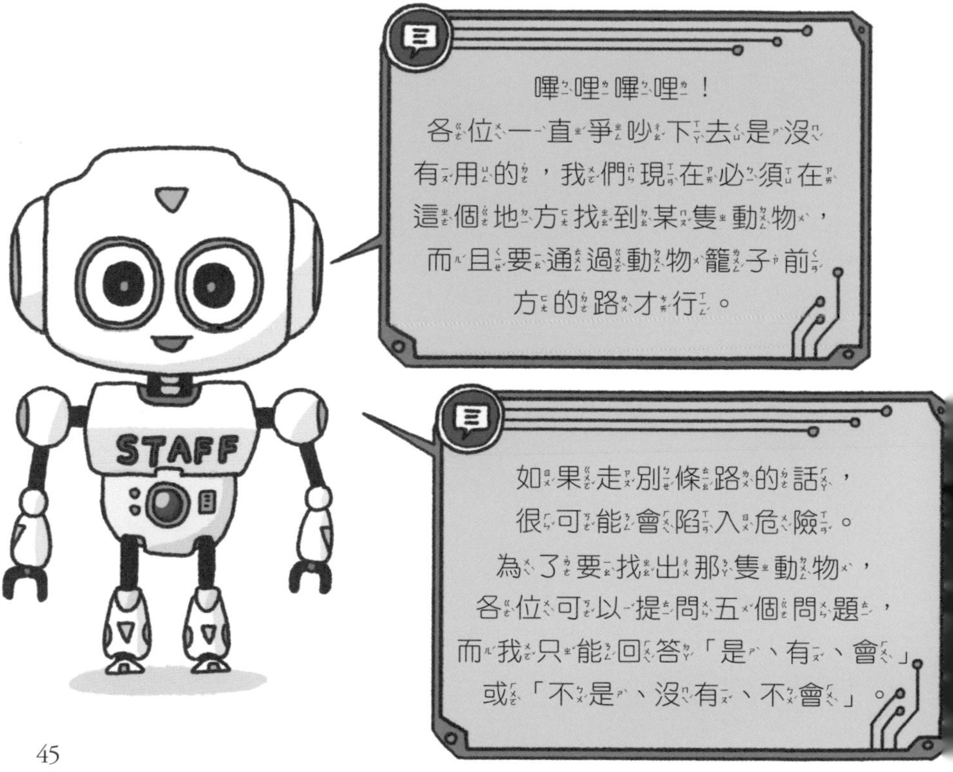
嗶哩嗶哩！
各位一直爭吵下去是沒有用的，我們現在必須在這個地方找到某隻動物，而且要通過動物籠子前方的路才行。
如果走別條路的話，很可能會陷入危險。為了要找出那隻動物，各位可以提問五個問題，而我只能回答「是、有、會」或「不是、沒有、不會」。
STAFF

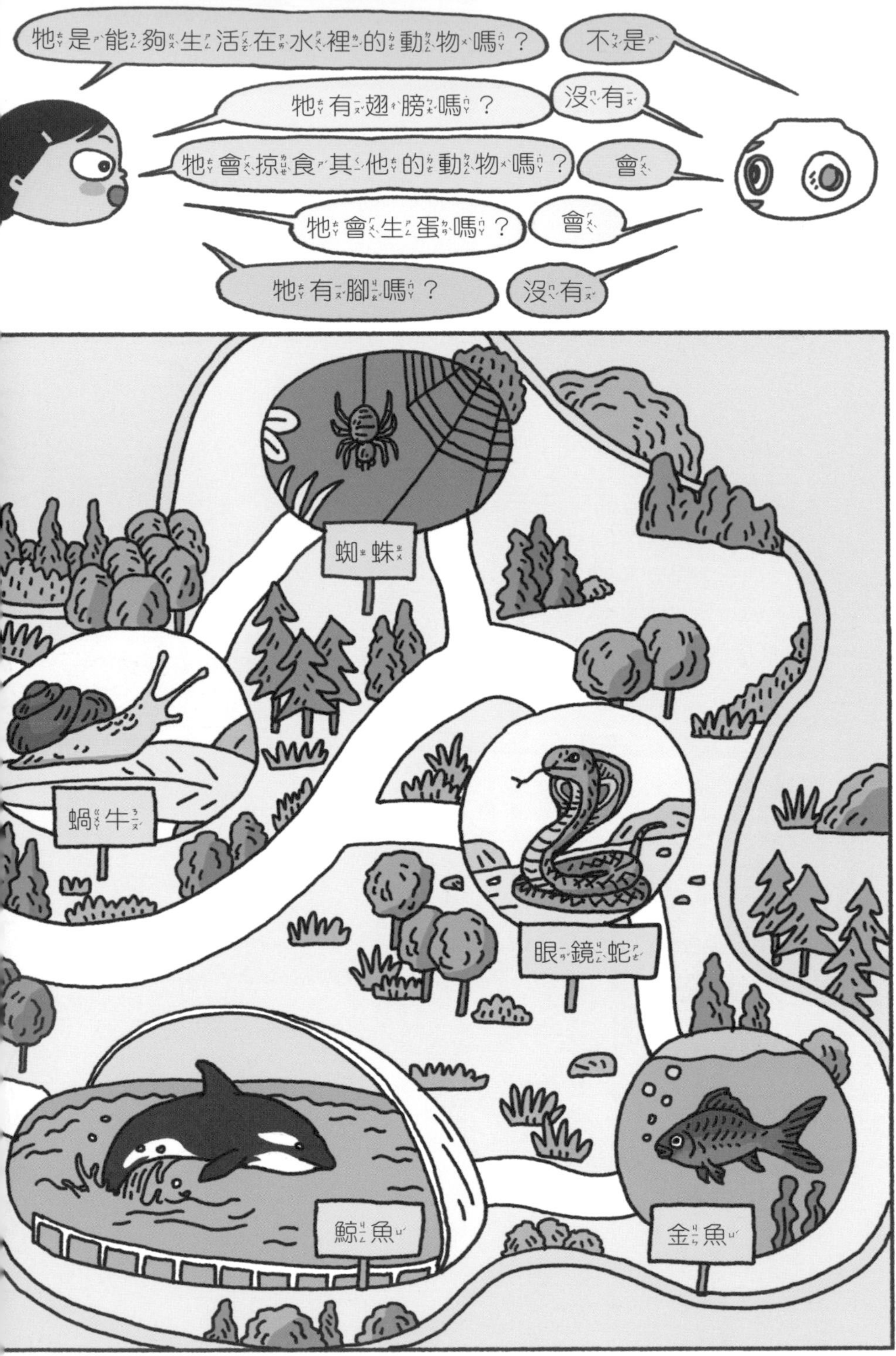
牠是能夠生活在水裡的動物嗎？
不是
牠有翅膀嗎？
沒有
牠會掠食其他的動物嗎？
會
牠會生蛋嗎？
會
牠有腳嗎？
沒有
蜘蛛
蝸牛
眼鏡蛇
鯨魚
金魚

解答在124頁！

請透過右邊五個問題的回答，找出相符的動物，並把牠圈起來。
獅子
狐狸
動物園
鸚鵡
蝴蝶
兔子

「雖然是很簡單的問題，還是請各位慎重思考之後，再向我提問。以上就是第二個任務。」

「真是的，這麼小氣，只能問五個問題……我們究竟該問什麼樣的問題啊？」全智基忍不住發了牢騷。

過沒多久，拿著望遠鏡仔細觀察動物們的姜月月站了出來，大喊：「有了！就是那個。我來負責問問題，只要知道動物們的特徵，一切就簡單啦！」

沒錯！第一步，先刪除能夠生活在水裡的動物。

第二步，再刪除有翅膀的蝴蝶和鸚鵡就可以了。

第三步，把不會掠食其他動物的
蝸牛和兔子刪除。

第四步，把不會產卵下蛋的獅子和狐狸也刪除。

最後，剩下來的蜘蛛和眼鏡蛇，
只要把有腳的蜘蛛刪除，
就能找到答案是眼鏡蛇了！

姜月月先定下明確的分類基準，然後用這個基準來向薩伊洛提問，得到薩伊洛的回答之後，再根據回答進行初步分類，接著將分類出來的結果，依據其他的基準進行更進一步的分類。透過這樣的方法進行推理，找出最後的答案。

「哇！阿壯，妳真的很強！」全智基驚訝的睜大雙眼，看著姜月月，姜月月臉紅了起來。

姜月月率先向眼鏡蛇的籠子奔去，全智基和曹阿海也緊跟在後。當他們抵達眼鏡蛇的籠

子時，看見有一個立牌上面寫著：「答對了！出去的門請往這個方向。」文字下面還有一個箭頭標示。科學小偵探們興奮的依照箭頭所指的方向，準備從眼鏡蛇的籠子前面通過。

就在這個時候，「砰」的一聲，原本鎖著眼鏡蛇的門竟然被打開了！

只見籠子裡的眼鏡蛇吐著舌頭，一伸一縮，慢慢的爬出籠子，朝向科學小偵探們爬近。面對這個突如其來的狀況，全智基和曹阿

海嚇得臉色發青，站在原地無法動彈，全身不停的發抖。

旁邊的姜月月低聲對他們說：

「不用怕！除非是察覺到危險，否則蛇不會主動攻擊人。另外，蛇很容易感覺到地面的震動，所以我們盡量把腳步放輕，小心的逃跑就沒事了。」

聽完姜月月的話，科學小偵探們輕輕的點頭，互相交換了眼神。然後，開始躡手躡腳的倒退走。

結果，一邊拿著望遠鏡觀察眼鏡蛇，一邊倒著走的姜月月不小心被自己的腳絆住，「碰」一聲摔倒在地上！可能是因為聲響刺激到了

STAFF

眼鏡蛇，眼鏡蛇的脖子突然膨脹成三角形，頭伸直直的豎立起來。緊接著，迅速朝向科學小偵探們的位置爬行。

「快逃啊！」

姜月月急忙大喊，全智基和曹阿海聽見之後，尖叫了起來，拚命往前跑！姜月月也很快的站起來一起逃跑。他們跑了好久好久，但是眼鏡蛇好像完全不會疲倦似的，在科學小偵探們身後不停的持續追趕，三個人籠罩在巨大的恐懼當中。

這個時候，一起逃跑的薩伊洛指向前方，用著超快的語速說：「嗶哩嗶哩！沿著這條路一直到盡頭就會出現一個電梯，請搭乘電梯到達搭雲霄飛車的地方。」

「太好了！謝謝你，薩伊洛。」

科學小偵探們使盡全力的往前衝刺！就像薩伊洛說的，路的盡頭出現了一個電梯。

「科學小偵探們，快過來！再加把勁啊！」已經先跑進電梯裡的曹阿海焦急的跺著腳，催促另外兩個人。全智基與姜月月用盡全身的力氣，驚險的甩開眼鏡蛇，順利搭上電梯。電梯一邊發出嗡嗡的聲響，一邊往上升，最後停在了搭乘雲霄飛車的地方。科學小偵探們抵達後，安心的鬆了一口氣，並且緊緊擁抱彼此。

過了沒多久，全智基微微喘氣的問：「你們不覺得很奇怪嗎？科學樂園裡面應該都是最頂尖先進的設備，為什麼眼鏡蛇的籠子會忽然被打開呢？」

「就是說啊！是因為籠子的門本來就沒有關好嗎？」姜月月歪了歪頭，也提出了疑問，曹阿海用尖銳的聲音說：「才不是！我剛剛在拍影片的時候，明明看到籠子的門是關住的。我很確定門是在我們通過的時候，突然被打開，而且還聽到開門的聲音！不信的話，你們要不要確認看看？」

曹阿海把剛才在動物園裡面拍攝的影片給他們看，從畫面中可以看

到關著眼鏡蛇的籠子，原本門真的是鎖著的。

姜月月看了影片後睜大了雙眼，接著她轉向薩伊洛詢問：「所以是有人故意打開門嗎？或者，會不會是系統出問題了？薩伊洛，你覺得呢？」

面對姜月月突如其來的問題，薩伊洛好像很慌張，說起話來變得吞吞吐吐的。

「嗶哩嗶哩。不……不知道，我……我怎麼會知道？反正不……不是我的問題。」

看見薩伊洛緊張的樣子，姜月月笑了出來，故意用嘲弄的語氣對薩伊洛開起玩笑。

「我看你有點心虛，真的不是你打開的嗎？」

「嗶哩嗶哩。就……就跟妳說了不是我，妳真的很……很奇怪！」

「開玩笑的啦！哈哈！剛剛是因為你幫了我們，我們才能得救，我們怎麼可能會懷疑你，這個代表我的心意，薩伊洛，謝謝你！」

姜月月把她的手環摘了下來，並把它繫在薩伊洛的手上。

收到意料之外的禮物，薩伊洛感到相當驚訝，呆在原地靜止不動，過了一下，薩伊洛才點點頭向姜月月道謝：「嗶哩嗶哩，謝謝妳！我會好好珍惜的。」

接著，薩伊洛調整好姿勢，並向孩子們繼續傳達下一個任務。

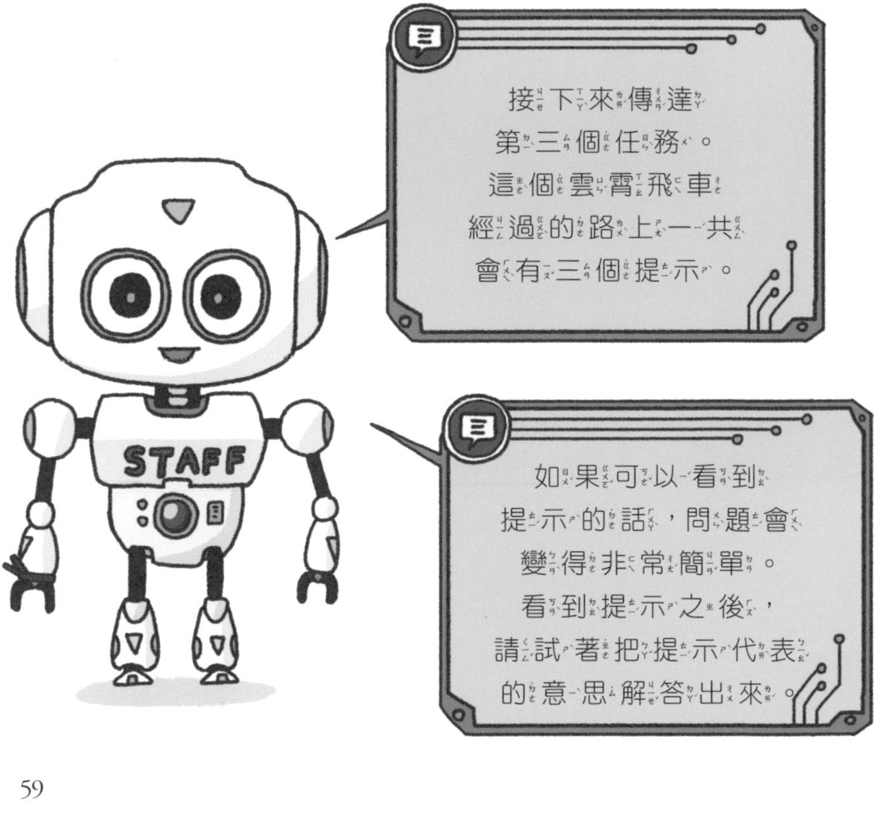

接下來傳達
第三個任務。
這個雲霄飛車
經過的路上一共
會有三個提示。
如果可以看到
提示的話，問題會
變得非常簡單。
看到提示之後，
請試著把提示代表
的意思解答出來。
STAFF

薩伊洛的話一結束，全智基便擺出了抗拒的表情：「這太不像話了！是要我睜著眼睛搭雲霄飛車嗎？這怎麼可能啊！」

另外兩人的反應截然不同，姜月月和曹阿海看起來都非常興奮。

「哇！一定很好玩。果然來到樂園就是要玩雲霄飛車啊！你們說是不是？」

「沒錯，我玩的時候要把雙手舉起來！哇哈哈哈！」

曹阿海和姜月月兩個人高興得合不攏嘴，飛快的跳上雲霄飛車。全智基嘴裡一邊唸唸有詞，心不甘情不願的坐在他們後面。

空
咚
咚
咚
咚
環
太陽系行星

出發的信號指示燈亮起，雲霄飛車便開始動了起來。雲霄飛車一邊發出嘎嘎嘎的聲響，緩緩開到了最高點的位置，接著，伴隨一聲巨響，像是要飛離軌道似的往下掉。

「哇啊啊啊！」

「救命啊！」

每當列車在軌道上翻轉三百六十度，或是在傾斜的軌道衝上衝下的時候，科學小偵探們都會大聲尖叫！大喊著要逃離科學樂園。不過，在這樣的情況下，科學小偵探們還是沒有忘記要尋找提示，他們吃力的睜開眼睛，努力尋找線索。

不知不覺間，雲霄飛車回到了起點，從車上走下來的科學小偵探們鬆了一口氣。

「天啊！嚇得我差點尿褲子了。我們稍微休息一下再出發吧！」曹阿海精神恍惚的說。

表情呆滯的全智基也點頭表示同意，雙腿癱軟，坐在地上。姜月月在旁邊平復呼吸，然後拿起望遠鏡環顧周圍，她發現在不遠的前方，有著六條路線和圖片。

「你們看！圖片上面有太陽、月亮、北極星、火星、木星和土星呢！看來我們需要用剛才搭雲霄飛車時，看到的三個提示來找出答案，才能知道要選擇哪一條道路前進。」姜月月閃爍著雙眼說。

「是嗎？那我們把剛才各自看到的提示都說出來就行了！我努力看了半天，結果只有看到一個，我看到它上面寫了『太陽系行星』。」全智基好像還沒有完全鎮定下來，雙眼昏花的附和。

「太陽系行星？我看到的提示上面寫的是『環』。話匣子，你呢？你看到的提示是什麼？你該不會三個全都看到了吧？」姜月月的眼神充滿期待，但是曹阿海露出一臉尷尬。

「其實今天是我第一次搭雲霄飛車，實在是太嚇人了！沒想到雲霄飛車這麼恐怖，我剛剛只顧著尖叫，等我回過神來就結束了，真的有提示嗎？」

「你不是還說要高舉雙手，那我們還有一個提示沒看到，怎麼辦？對了，薩伊洛你應該會知道吧？剩下的提示是什麼啊？」焦急的姜月月擠出了跟她一點都不搭的撒嬌鼻音，看向薩伊洛。可惜薩伊洛只是搖搖頭，什麼話也沒有說。

「哼！不想告訴我們就算了，我們會靠自己找出來的。」

太陽系中有太陽、八個行星、衛星、小行星、彗星等。
土星
木星
天王星
海王星
彗星

金星
月亮
太陽
水星
地球
火星
小行星帶

「沒錯，這點小事對我們科學小偵探來說根本不算什麼。你們說對吧？」曹阿海偷偷看了看姜月月的臉色，一邊附和的說。

「對啊！那我們要不要先從找到的提示開始整理呢？首先是太陽系行星。這裡的『太陽系』指的是太陽，以及受太陽影響的天體們，還有空間。

以太陽為首，並由行星、衛星、小行星、彗星等組成。位於太陽系中心的太陽，是唯一會自體發光的恆星。而圍繞在太陽周圍旋轉的球形天體，就被稱為『行星』，太陽系行星中包含了水星、金星、地球、火星、木星、土星、天王星和海王星。」

「那衛星、小行星、彗星又是什麼？」曹阿海一邊挖著鼻孔一邊問。

「『衛星』指的是圍繞著行星旋轉的天體，就像月亮環繞著地球周圍旋轉那樣。而『小行星』指的是聚集在火星和木星之間的小行星帶，在裡面繞著太陽周圍旋轉的許多石塊。而『彗星』則是在環繞太陽運行的小質量天體，它們的軌道大部分都是長橢圓形或是拋物線的樣子，並且繞著太陽周圍旋轉，當彗星靠近太陽的時候，甚至還可以看到它拖著一條長長的尾巴。」

「那北極星呢？」這次是全智基提出了問題。

「北極星是一顆永遠掛在北半球以北的恆星。但這只是我們眼睛看到的感覺，實際上，它離太陽系非常遙遠。」

「啊哈！原來如此。」聽完姜月月的說明，全智基用力的點點頭。

過了沒多久，一邊咬著指甲，一邊陷入思考的全智基說：「既然如此，我們在那六條路裡面，先選出『太陽系行星』的路線就行啦！太陽系行星只有『火星』、『木星』，還有『土星』。而這些行星當中，跟第二個提示『環』有關的行星又是哪個啊？」

「答案就是『土星』。就算沒有第三個提示，答案也很明顯了呢！因為太陽系的行星當中，就只有土星是有環的，對吧？」曹阿海裝作一副很懂的樣子，一邊看著姜月月。

太陽系中有環的行星除了土星之外還有木星、天王星、海王星。
土星
木星
天王星
海王星
那麼木星和土星之中，哪個才是答案呢？看來要有第三個提示才能知道了。
不過土星的環最大，也是最漂亮的。
所以人們才會認為只有土星才有環。基本上出現了『環』這個提示的話，除了土星，應該也想不到其他的答案了。我們走吧！
土星

然而，姜月月卻搖了搖頭說：「木星和土星都是有環的，但是有著最大又最漂亮的環是土星，所以答案就是土星，絕對錯不了！」

聽完姜月月斬釘截鐵的回答，曹阿海聳了聳肩。

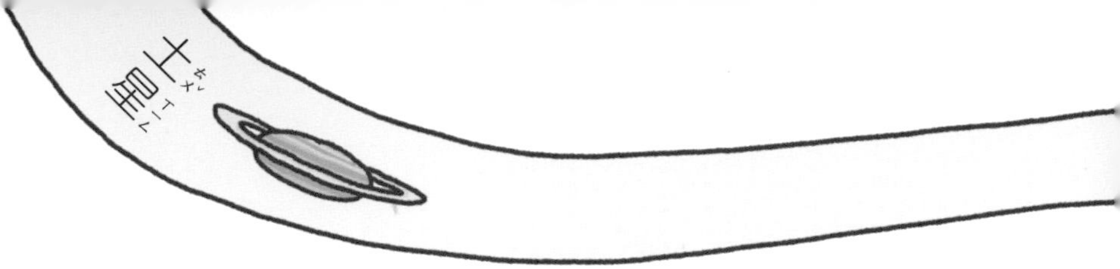

於是姜月月率先走向寫著「土星」的路線，全智基和曹阿海也跟在她的後面。這是一條坡度有點傾斜的下坡路段，還有點陡。就在科學小偵探們全都進到下坡路的那一刻，他們聽見了「嗡嗡嗡」的聲響，緊接著，道路突然變成了像冰塊一樣非常光滑的路——

「啊啊啊！」

科學小偵探們發出了尖銳又刺耳的尖叫聲，順著道路的方向在路面上滑來滑去。

等到他們再次回過神來，才發現他們進到一個小小的房間，科學小偵探們被這個意外的狀況搞得暈頭轉向，只能東張西望環顧四周，這時，天花板上傳來了唧唧唧的聲音，接著他們聽見了呆板的機器聲。

「嗶哩嗶哩，這個地方是答錯的人才會進來的房間。」

姜月月嚇了一跳，她左顧右盼，四處張望，喃喃自語的說：「真奇怪，最廣為人知，而且有環的行星明明就是土星啊！我們到底遺漏了什麼提示呢？為什麼會答錯？」

「看來我們還是要找出那個遺漏的提示，才能知道正確答案。話說回來，薩伊洛跑到哪裡去了？我們如果答錯的話，它就不會跟我們過來嗎？」全智基先回應了姜月月的話，然後歪著頭思考。這時，房間裡面

請在這六條路徑中，找出「太陽系行星」、「環」、「最大的行星」這些提示所指的路是哪一條，並跟著那條路線走。
太陽
月亮
北極星
火星
木星
土星
答錯的人進來的房間
正確答案

解答在124頁！

再次傳來了聲音。

「嗶哩嗶哩，既然你們這麼想知道，我就告訴你們吧！各位沒有看到的提示是——最大的行星。」

姜月月聽見提示之後，像是頓悟出了什麼似的，懊悔不已：「啊！太可惜了！如果再給我一次機會的話，就可以答對的……」

「如果提示是『最大的行星』，答案會不一樣嗎？」全智基問。

姜月月點了點頭說：「對，因為在太陽系行星之中，最大的行星是木星。我前面有說過，木星也是有環的，所以我們剛才應該要走『木星』那條路才對。」

「對不起！都怪我沒看到提示，還在那邊亂說一通。」曹阿海垂下頭，滿懷抱歉的說。

姜月月拍了拍曹阿海的肩膀，說：「話匣子，這不是你的錯，是我的不對。在剩下的木星和土星兩個選項中，明明答案也有可能是又有環、又最大的木星，但是我卻把它想得太簡單了，所以該說對不起的人是我。」

全智基也拍了拍曹阿海，沒有說話。雖然兩個人都安慰著曹阿海，曹阿海卻依然垂頭喪氣的坐在那裡。

這個時候，房間裡的天花板又再次傳來了聲音。

嗶哩嗶哩。看到各位意志消沉的樣子，我也感到非常難過，決定再給各位一次復活的機會。稍後會出現一張圖片，請仔細觀察，並找出圖片中與場所不符合的三種植物。限制時間為三十秒，如果沒有在時間內把它們全部都找出來，就算失敗。準備好的話，就讓我們開始吧！

機器的聲音一結束，對面的牆壁「咻」一聲冒出了沙漠景色的圖片，以及一個標示著數字的時鐘。時鐘伴隨著滴答聲，上面的數字越變越少，同時，房間內的地板也開始傾斜。

「啊啊啊！這是怎麼一回事？地板怎麼會這樣？」

科學小偵探們發出劇烈的尖叫聲，倒在地板上打滾滑行！姜月月和曹阿海連忙振作起精神，伸手抓住了黏在地板中間的把手，全身懸吊著。但是，本來就沒什麼運動細胞的全智基卻錯過了把手，繼續往下滑！房間的底部因為地板傾斜而產生了一個巨大的裂縫。

「啊啊啊！全智基要掉進裂縫裡面了！」

曹阿海焦急的大喊！就在這個瞬間，姜月月好像閃電般，飛快抓住了全智基的一隻手，讓他可以勉強抓住旁邊的把手。

「呼，差點就完蛋了。喂，自以為是大魔王！你想把我們嚇死嗎？」

曹阿海大喊。

「對不起，我的魂都要被嚇飛了！這到底是怎麼一回事啊？」全智基氣喘吁吁的說。

只是科學小偵探們完全沒有時間搞清楚現在的狀況，他們得要馬上開始進行解題。

滴答滴答！時間不停的流逝，剩下的時間不多了。所有的人都屏

請找出下面圖片中不適合在沙漠生存的三種植物，並將它們圈起來。
猴麵包樹
柱狀仙人掌
金琥仙人掌
蘋果樹
蘆薈
龍舌蘭
薔薇
向日葵
圓扇仙人掌
沙漠很熱又很乾燥吧？
是啊！幾乎都不下雨呢！

解答在124頁！

氣凝神，姜月月一邊說著這次絕對不會再失誤了，同時瞪大雙眼緊盯著圖片查看。

最後，姜月月終於大聲喊出：「有了！圖片裡面不適合在沙漠生存的三種植物，我全部都找到了。」

「真的嗎？所以答案是什麼？還不到五秒呢！」

「快點說啦！我快抓不住把手了！」

在同伴們的催促下，姜月月很快說出了答案：「應該是蘋果樹、薔薇、向日葵。」

姜月月說完，原本滴答滴答的時鐘「嗶」了一聲，停止走動，而傾斜的房間地板也緩緩恢復成原本的樣子。

科學小偵探們總算鬆了一口氣，呆坐在地上，這個時候，從天花板再次傳來了聲音。

「嗶哩嗶哩，回答正確。我們已經給了各位第二次的機會，希望各位這次能夠走到最後，完成最終任務。」

天花板傳出聲音的同時，房間內一邊的牆壁也跟著慢慢上升，科學小偵探們終於看見外面的景色。剛才不見蹤影的薩伊洛，正在房間外微笑著迎接他們。科學小偵探們急急忙忙走出來，彼此擁抱，慶祝重生。

「呼，真是好險。話說回來，阿壯，妳真的好厲害啊！妳怎麼有辦

法在這麼危急的瞬間，回答出正確答案？」

曹阿海邊說邊拍了拍姜月月的肩膀，姜月月害羞的笑著回答：

「這沒什麼啦！看到圖片是沙漠時，我就知道答案了。你們應該也都很了解，大部分的植物都是很需要陽光的，為了生存，溫度必須要剛剛好，同時也要有適當的水分，植物才能夠好好生長。沙漠的陽光很強烈，而且白天與夜晚的溫差很大，水分又很少，因此植物不容易生存。但還是有植物能夠生存在這樣的環境，那就是仙人掌、龍舌蘭、猴麵包樹等。」

「我以為在沙漠裡生存的植物只有仙人掌而已，原來還有這麼多種

很意外吧？這些植物為了適應沙漠的環境並生存下去，長相和生活方式都很獨特。
舉例像仙人掌，葉子變成針狀，便可以阻擋水分的蒸發。
水分會儲存在仙人掌粗粗的莖當中，或是蘆薈厚厚的葉子裡。
所以缺少這些特徵的蘋果樹、薔薇、向日葵就是答案。

啊！」曹阿海一邊舉起手機一邊說，姜月月用手比了一個V，然後接著往下說明。

姜月月剛說完，全智基就接著說：「原來是這樣！對了，剛才真的很謝謝妳！我差點要掉下去的時候，幸好妳抓住了我，當時真的以為我要完蛋了。」

全智基紅著臉，害羞的向姜月月表達感謝，而姜月月也不好意思的臉紅起來。

《《 第3章 》》

驚險時刻！預料之外的危險

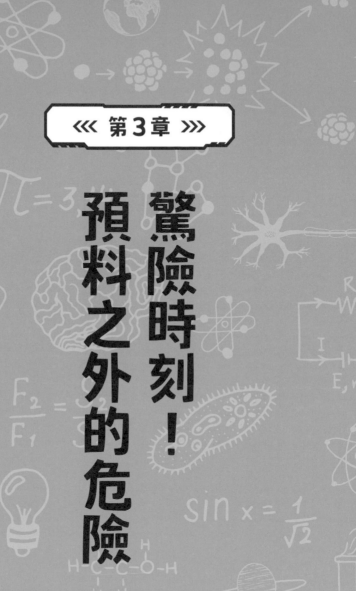

科學小偵探們不知道走了多久，來到一個迷宮，迷宮的入口就像是一隻嘴巴張得大大的鱷魚。才抵達迷宮的入口，薩伊洛就說：「嗶哩嗶哩！這是最後的任務。請閱讀問題並找出正確的路，如果走的路線是正確的，便可以順利找到出口。是不是很簡單呢？那麼，等一下見！」

薩伊洛連一句鼓勵的話也沒有留下，「咻」的一聲就消失在迷宮中。

「我的天啊！他根本都沒有幫上忙，還敢說是不是很簡單呢？真是傻眼。」

「不過，現在這關真的是最後的任務了嗎？來吧！我們繼續加把勁！科學小偵探們，加油！」

在全智基的帶領下，曹阿海和姜月月也跟著高喊加油，一起走進了迷宮花園。

沒多久，在科學小偵探們的面前便出現了兩條路。劃分兩條路的地方，有一個標誌牌，上面寫著問題，路的左邊及右邊分別立著○與×的箭頭標示。

全智基一邊咬著指甲，一邊全神貫注盯著標誌牌，接著他向前走一步，看著大家說：「只要充分了解影子形成的原理，這個問題其實很簡單，交給我吧！」

「影子不是在戶外的時候才會形成嗎？」曹阿海看著地板上的影子發問。

全智基搖了搖頭，說：「當光照在物體上的時候，便會形成影子。光會從太陽或是電燈中照射出來，並朝著直線前進，像光這樣直線前進的特性，就叫做『光的直進』。如果直線前進的光照射在不透明的物體上，光無法通過物體的話，就會在物體的後方形成影子。」

「啊哈！只有在陽光照射的時候才會出現影子，當雲遮擋住陽光的時候，影子就會消失不見啊！」聽完全智基的說明，姜月月裝作很懂的附和。

全智基點了點頭。

「妳說的沒錯。此外，像是『天狗食月』的故事，就是『月蝕』造成的現象。」

「那是什麼意思啊？你是說天上的小狗把月亮吃掉了嗎？這怎麼可能？」曹阿海問。

當物體擺放的方向不同，影子的形狀還是都一樣。
把光靠近物體的話，影子會變小。
如果把光照射在不透明的塑膠杯上，會在杯子後出現影子。
抵達
STAFF

解答在124頁！

出發
必須要有物體與光才會形成影子。
O
X
影子會在物體的前方形成。
O
X
請解開以下的是非題，帥氣的通過迷宮吧！

看著曹阿海一副難以理解的表情，全智基笑了笑，往下說明：「哈哈，這是真的。當太陽、地球和月球的運行連成一線時，地球擋住了太陽的光線，在月球表面上形成了陰影，從地球上觀看月球，就像是月亮被咬掉了一口一樣。」

「原來如此！我還真以為有天狗把月亮吃掉了！」曹阿海睜著又大又圓的眼睛說。

全智基看見曹阿海的表情，笑著回應：

「沒錯！還不只如此。因為光的走向是直線前進，所以影子的形狀也會和物體的形狀相似。當物體放置的方向改變，影子的形狀也會跟著

改變。如果將有握把的馬克杯朝不同方向轉動，就會形成各式各樣形狀的影子。」

「原來影子的形狀，跟物體照到光的那一面，形狀是一樣的啊！」

聽見姜月月的話，全智基驚訝的睜大雙眼說：

「不錯不錯！馬上就懂了，那我再說一些比較困難的，影子的大小甚至還會隨著光與物體之間的距離而改變。」

曹阿海驚訝的提問：

「真的假的？」

全智基突然變得驕傲了起來，立刻回答：「當然是真的。如果把物體擺著不動，將手電筒靠近物體照射的話，影子就會變

大；如果將手電筒從較遠的距離照射物體的話，影子則會變小。」

「現在都懂了。第一個問題的答案就是〇。」

姜月月一說完，全智基就大喊：「回答正確！」

多虧了全智基積極的表現，孩子們陸續答對問題並順利走出迷宮。

在出口的前方，立著一個銅像。

「咦？為什麼會有銅像？」曹阿海疑惑的問。

全智基用放大鏡仔細觀察了銅像之後，大喊：「啊！銅像的脖子上掛著東西。」

緊接著，拿著望遠鏡查看的姜月月也大聲說道：「是鑰匙！看來這應該就是出口的鑰匙！」

曹阿海馬上跑過去銅像取下鑰匙，姜月月說的沒錯，它真的是科學樂園出口的鑰匙。

「哇！我們終於成功啦！我們……不對，是科學小偵探成功啦！」曹阿海興奮的聲音有點顫抖，全智基和姜月月則是高興的互相擊掌，而薩伊洛也在這個時候突然冒了出來，恭喜科學小偵探們成功達成任務。

「嗶哩嗶哩，非常恭喜你們！各位把指定的任務全部都解決了。我們準備了非常特別的獎勵，現在，就讓我帶你們去搭乘好玩的遊樂設施吧！」

科學小偵探們高興的大叫！

「現在大家心情這麼好，要不要來玩猜謎啊？你們知道為什麼超人要穿緊身衣嗎？」

「我想想……因為救人的時候比較方便、容易活動？」

聽了姜月月的回答，曹阿海露出了微笑回應：「錯！是因為『救人要緊。』嘻嘻！再來一題，你們猜猜看老王姓什麼？」

「喂，不就是姓『王』所以才叫老王的嗎？難不成……是姓『法』嗎？」全智基沒好氣的回話。

沒想到曹阿海卻瞪大著雙眼，驚訝的看著全智基，說：「哇！答對了！就是姓法——法老王！原來你也是印象派老師的徒弟？」

全智基很意外自己竟然答對了，嚇了一跳的他，突然生氣大喊：

「話匣子！我是因為頭腦聰明才答對的，並

不是什麼徒弟好嗎？」

「沒有吧？我看你這麼會答題，你也是一個冷笑話的人才！」

旁邊的姜月月也跟著曹阿海起鬨，全智基被兩個人鬧得臉上一陣青、一陣紅的。

薩伊洛帶著科學小偵探們來到一個像是倉庫的房間。曹阿海開口說：「這好像是最新型的遊樂設備！」

「是假想現實的體驗遊戲嗎？」

全智基一邊附和，一邊四處張望。

這個時候，伴隨著「鏘」的一聲，門居然被鎖了起來！科學小偵探們嚇了一大跳，他們用力敲門，並大喊薩伊洛的名字。但是門並沒有打開，只有聽見薩伊洛的聲音傳來。

嗶哩嗶哩。目前為止的問題都太簡單了，所以我要再給各位一個新的任務，而這個任務就要靠自己的本事逃離房間。而且，這一次不會有提示！

隆隆隆

請仔細觀察以下的圖片，找出能夠逃出房間的正確方法，並把答案圈起來。
1
力量會隨著重量越重，速度越快而變強。如果我們三個人同時用很快的速度撞門的話，門就會裂開。
哐
2
用火燒門把，讓門把變形，這樣就可以輕鬆打開門了！
3
寶特瓶裝水冷凍後變得非常堅硬。如果把它當作槌子來敲開門把，就可以打開門了。

答對了嗎？
好，不管什麼都試試看吧！
失敗
好痛！
啊，好燙！
失敗
成功

科學小偵探們只聽見薩伊洛的腳步聲越來越遠，不知所措的姜月月雖然用盡全力呼叫薩伊洛，卻沒有得到任何的回應。

全智基臉色凝重的說：「不要再喊了！它不會來的。有句話說『信任的斧頭也可能會砸傷自己的腳』，它怎麼可以這樣對我們呢？」

就在這個時候，一聲巨響傳來，兩邊的牆壁朝孩子們越靠越近。

「這是怎麼回事？我們要被壓扁了！」

「怎麼辦？我們就要死在這裡了嗎？」

姜月月和曹阿海眼眶裡含著淚水，不斷哀嚎。全智基雖然也受到驚嚇，但他馬上就用堅定的聲音安撫兩個人。

「科學小偵探，振作起來！」

聽了全智基的話，姜月月與曹阿海點了點頭，平復心情。

「一定會有辦法的，趕快仔細查看房間吧！」科學小偵探們急急忙忙的檢查起房間。

這個時候，一直盯著房間內小冰箱的全智基，像是想到了什麼，一邊咬著指甲，一邊說：「就是這個，只要利用這個就可以逃出去！」

全智基拿出的東西，就是「結凍的礦泉水」。

「真的可以用這個東西把門打開嗎？」曹阿海疑惑的問。

「水有三種型態，固體的冰、液體的水、還有氣體的水蒸氣，這三種型態之間可以互相變來變去。固體的冰塊既冰冷又堅硬，而且有一定的形狀。只不過當水變成冰塊的時候，重量雖然不會改變，體積卻會增加。因此，裝滿水的寶特瓶如果結冰，瓶子就會變大和變硬。我們只要把這個寶特瓶當作槌子，拿來敲開門把就行了。」

「好，那你趕快動手吧！現在兩邊的牆壁已經越靠越近，好像就要貼在一起啦！」姜月月神情焦躁的說。

全智基拿起了結凍的礦泉水瓶，朝門把用力的往下敲。一次，兩次，三次……不知道試了多少次，突然之間，「碰」一聲，門把終於裂開，成功打開門了！

「哇！門打開了。自以為是大魔王，太感謝你了！」

姜月月看著全智基，臉上露出了笑容。曹阿海也大喊：「太棒了！」同時暗自心想：「這小子怎麼可以在如此危急的情況下，頭腦還那麼清晰啊？」

從倉庫裡逃出來的科學小偵探們擔心接下來又會發生什麼事情，馬上就往科學樂園的出口跑過去。他們用鑰匙打開了門，一走出門外，周圍就響起了勝利曲，彩帶在天空中飄揚，羅英才叔叔拍著手向孩子們恭喜。

科學小偵探們看到眼前的景象，才真正感受到任務結束。他們放鬆

下來，雙腿立刻發軟，跌坐地上。羅英才叔叔被科學小偵探們的樣子嚇了一大跳，急切問道：「孩子們，你們還好嗎？哪裡受傷了嗎？」

科學小偵探們說明在科學樂園裡發生的事情，羅英才叔叔仔細聆聽著孩子們的敘述，同時真心的向孩子們道歉。

「差一點就要出大事了！真是很對不起啊！看樣子薩伊洛應該是故障了。」

「叔叔沒關係，這樣更刺激、更好玩啊！」精神已經恢復得差不多的曹阿海開起了玩笑。

「哈哈，你們能夠這樣想，那就太感謝了。話說回來，薩伊洛真是令人擔心，必須要趕快把它找回來才行。萬一它以後沒有幫助到來科學樂園參觀的人們，還造成破壞的話就糟糕了。不過科學樂園裡有一大堆跟薩伊洛長得一模一樣的導覽機器人，

該從何找起呢？」羅英才叔叔面露難色。

這個時候，全智基像是突然想起了什麼，問道：「難道打開眼鏡蛇籠子的，是薩伊洛嗎？」

「應該就是它吧！」

曹阿海才說完，姜月月突然暴跳如雷的說：「你說什麼？我竟然沒搞清楚狀況，就傻傻的送它手環，還為了謝謝它在我們被眼鏡蛇追的時候出面幫助，親手為它戴上。可惡！它怎麼能這樣對我們啊？」

「手環？」曹阿海一邊挖著鼻孔，一邊喃喃自語，過了沒多久，他滿懷自信的大喊：「對！手環！現在有方法可以找到薩伊洛了。」

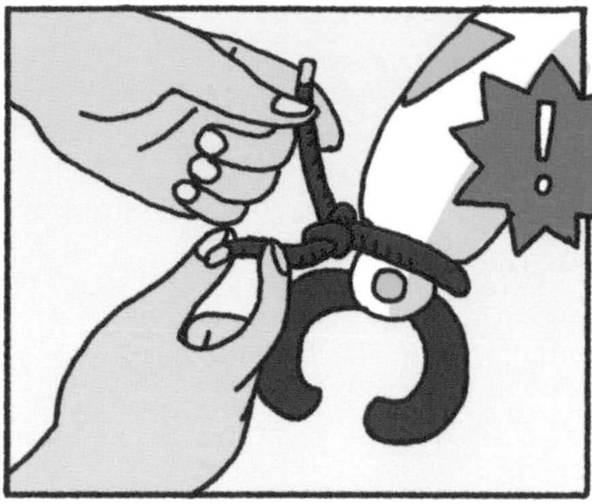

「我知道你的意思！只要找出戴著手環的導覽機器人就行了。」姜月月也跳起來大聲的說。

於是，科學小偵探們與羅英才叔叔便開始在科學樂園裡四處尋找。但是，要在這麼多長得一模一樣的導覽機器人當中找到薩伊洛，也不是一件容易的事。

全智基和姜月月找得精疲力盡，就在他們正打算要放棄的時候，曹阿海突然指著某處大喊：「在那裡！薩伊洛就在那裡。」

解答在124頁！

逃跑的薩伊洛躲在哪裡呢？請找出戴著手環的薩伊洛吧！
VR體驗館
STAR
STAFF

曹阿海指的地方就是薩伊洛的所在之處，戴著手環的薩伊洛正匆忙往某處前進。為了不讓薩伊洛找到機會逃跑，孩子們和羅英才叔叔很快的把薩伊洛帶到了實驗室。

雖然所有的事情都順利解決了，但是這天對科學小偵探們來說，實在是非常的漫長。

幾天之後，柯蘭老師把三個孩子找了

過來，並且又再次遞給他們一個信封。

「這是什麼？」接下信封的全智基疑惑的問。

柯蘭老師面帶笑容的回答：「我也不知道。這個信封是你們在科學樂園裡見到的羅英才博士要我轉交給你們的。」

全智基小心翼翼的打開了信封，拿出信封裡的東西，他馬上激動的又是尖叫又是跳來跳去。

「哇！這是科學樂園永久免費使用券！」

「你說什麼？真的嗎？好棒！」

姜月月和曹阿海也大聲歡呼，高興的跳了起來。

「致科學小偵探們，各位不但順利完成了指定任務，遇到突發的危急狀況時，也齊心協力克服了困難，最後還協助我們平安找回故障的薩伊洛，科學樂園在此向各位表達誠摯的感謝，並以此券作為獎勵。上面寫說這是給你們的獎勵呢！」柯蘭老師眉開眼笑的說。

「超讚的啦！我這次要一整天都玩遊樂設施，玩到吐為止。」曹阿海興奮的大喊，就連全智基也反常的用笑咪咪的表情說：「太好了！我想要再搭一次雲霄飛車，好好的體驗看看。」

「這是怎麼回事啊！你怎麼變了一個人啦？」姜月月瞪大雙眼，驚訝的問。

「上次因為太害怕了，都沒有真正的去感受，這次想要好好體驗設施，回來就可以更深入研究關於雲霄飛車的位能和動能。」

「這才是我們認識的自以為是大魔王！」

所有人都被姜月月的話給逗笑了。

而在這個時候，一旁用手機記錄這一瞬間的曹阿海突然舉起手大喊：「等等！再拍一次！我們獲得永久免費使用券的畫面要拍得帥一點才行，剛剛的姿勢太醜了……應該說動作太俗氣了。我們再重新拍過，這次動作要酷一點啊！」

曹阿海叫全智基和姜月月一下擺這個姿勢，一下又換那個姿勢的，弄得大家累死了。

「好了好了！」姜月月開始有點不耐煩，她雖然試著阻止，但全智基和曹阿海仍舊樂在其中。

幾天後，科學小偵探們再度成為了大紅人。因為科學小偵探又登上了花牆小鎮報紙的頭條新聞。除了報導他們優異的表現，加上照片，還有斗大的新聞標題上寫著「一口氣破解科學樂園所有謎題的科學神童——科學小偵探！」

「哦，徽章拍得還蠻帥的！」

姜月月看著照片，才說完，全智基便皺著眉頭說：「真是不會挑時間，偏偏在我咬指甲的時候按下快門。」

對比感到惋惜的全智基，曹阿海則是陷入了幸福的煩惱。為什麼說是幸福的煩惱呢？因為人們看到報紙之後，話匣子TV的訂閱人數肯定是會大大的增加呢！

一口氣破解科學樂園所有謎題的
科學神童——科學小偵探！
話匣子TV
訂閱 按讚
▲ 成功破解科學樂園謎題的科學小偵探成員們，由左而右為曹阿海、姜月月、全智基小朋友

«« 解答 »»

34 頁

46 ～ 47 頁

75 頁

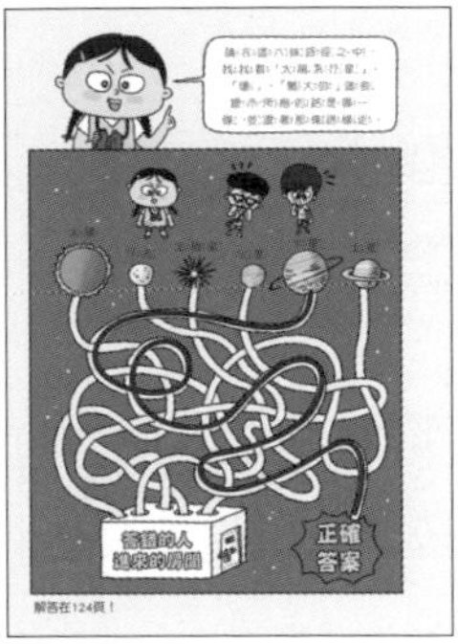

81 頁

94 ～ 95 頁

116 ～ 117 頁

Ⓐ 正確：影子會在物體的後方形成。
Ⓑ 正確：物體擺放的方向不同，影子的形狀也會不同。
Ⓒ 正確：把光靠近物體照射的話，影子會變大。

在第2冊裡可以找到國小自然、生活、數學科目的學習對照內容。

章節	年級	科目	單元
第1章 來自科學樂園的邀請函	3年級	自然	固體、液體、氣體的特性
	3年級	數學	報讀表格
	6年級	數學	規律問題
第2章 突破重重難關，找到出口！	2年級	生活	動物好朋友
	3年級	自然	動物大會師
	3年級	自然	植物的身體
	5年級	自然	植物世界面面觀
	5年級	自然	璀璨的星空
第3章 驚險時刻！預料之外的危險	2年級	生活	奇妙的影子
	3年級	自然	水的變化
	4年級	自然	光的世界

資料來源：LearnMode學習吧

童心園 童心園系列 277

科學小偵探2：勇闖科學樂園

과학 탐정스 2 : 사이언스 파크에 가다 !

企　　劃　金秀朱
作　　者　趙仁河
繪　　者　趙勝衍
語文審訂　盧佩旻（臺中市萬豐國小教師）
譯　　者　林盈楹
責任編輯　陳鳳如
封面設計　黃淑雅
內文排版　李京蓉
童書行銷　張惠屏・侯宜廷・陳俐璇

出版發行　采實文化事業股份有限公司
業務發行　張世明・林踏欣・林坤蓉・王貞玉
國際版權　鄒欣穎・施維真
印務採購　曾玉霞・謝素琴
會計行政　許俽瑀・李韶婉・張婕莛
法律顧問　第一國際法律事務所　余淑杏律師
電子信箱　acme@acmebook.com.tw
采實官網　www.acmebook.com.tw
采實臉書　www.facebook.com/acmebook01
采實童書粉絲團　https://www.facebook.com/acmestory/

ISBN　978-626-349-061-1
定　　價　350元
初版一刷　2022年12月
劃撥帳號　50148859
劃撥戶名　采實文化事業股份有限公司
104 台北市中山區南京東路二段 95號 9樓
電話：02-2511-9798　傳真：02-2571-3298

科學小偵探. 2, 勇闖科學樂園/趙仁河作；趙勝衍繪；林盈楹譯. -- 初版. -- 臺北市：采實文化事業股份有限公司, 2022.12
面；　公分. -- (童心園系列；277)
譯自：과학 탐정스. 2, 사이언스 파크에 가다!
ISBN 978-626-349-061-1(精裝)

1.CST: 科學 2.CST: 通俗作品

307.9　　111016898

線上讀者回函

立即掃描 QR Code 或輸入下方網址，連結采實文化線上讀者回函，未來會不定期寄送書訊、活動消息，並有機會免費參加抽獎活動。

https://bit.ly/37oKZEa